墙 书

神奇的太空

［法］P.-F. 穆里奥 / 著

［法］邦雅曼·弗鲁 / 绘

黄小涂 / 译

浙江教育出版社·杭州

从地球到月球

在太阳系的八大行星中，地球是距离太阳第三近的行星。45亿年前，地球和其他岩质行星诞生了。那么，地球有什么不一样呢？似乎只有它孕育出了生命，而今，多姿多彩的物种在地球上繁衍生息，人类也是其中一员，这个庞大的族群已经达到70亿人口。月球是地球的天然卫星，1969年到1972年，它接待过12名乘坐阿波罗飞船的宇航员来拜访。

里程碑的日子

公元前3世纪：
古希腊天文学家阿里斯塔克斯第一个提出地球不仅在自转，还绕着太阳转动。

1957年10月4日：
苏联发射了第一颗人造卫星——"斯普特尼克号"。

1959年10月7日：
苏联的"月球3号"探测器拍摄了首张月球背面的照片。

1961年4月12日：
苏联宇航员尤里·加林成为进入太空的第一人。

1998年11月20日：
搭建国际空间站的第一块材料扎里亚模块被送到385千米的高空。

2小时20分

1969年7月日至21日，美宇航员尼尔·阿斯特朗和巴兹·尔德林搭乘"阿罗11号"登陆球，他们在月面漫步了2小时20分钟。

月球：地球的小伙伴

月球是地球的天然卫星，平均距离地球384000千米，围绕地球转一周大约需要27天。月球总是同一面朝向地球，我们从来没见过它的另一面。

地球：孕育生命的摇篮

在我们生活的星球上，海洋的面积要大于陆地的面积，所以从太空看地球，它就是个蓝色的圆球。太阳系中只有地球孕育出了生命，那是因为地球有合适的温度，有我们赖以生存的水，还有能阻挡太阳射线的大气。

国际空间站

2000年，首批宇航员登上国际空间站，可以在400千米高空的实验室中工作、生活将近一年时间。

2016年1月
美国天文学家推测，太阳系还存在着第九颗行星。

2015年9月28日
美国国家航空航天局称，在火星上发现了存在液态水的强有力证据。

2015年7月
美国国家航空航天局宣布开普勒太空望远镜新发现1284颗系外行星。

2007年10月24日
搭载着中国首颗探月卫星"嫦娥1号"的"长征3号"运载火箭成功发射。

2006年8月24日
国际天文学联合会决定，把冥王星降级为矮行星。

太阳和它的两个好邻居

太阳为我们带来了光明和温暖，它是一颗大小中的恒星（它的直径比地球的直径约大110倍）。浩瀚的银河系中有2000亿颗恒星，太阳着实平无奇。八大行星、行星的卫星，还有不计其数的行星和星际物质围绕着太阳转动，组成了太阳系。八大行星中水星和金星离太阳最近。

46亿年前：
太阳诞生了。

1970年12月15日：
苏联的"金星7号"探测器到达金星表面，工作了23分钟。

1974年3月29日：
"水手10号"探测器到达距离水星703千米的地方。

2011年3月18日：
"信使号"探测器绕水星轨道运行，研究水星的大气、表面和成分。

1996年5月至今：
在距离地球150万千米的高空，欧洲航天局和美国国家航空航天局制造的太阳和日球层探测器（简称SOHO）在持续观测太阳。

8分钟19秒

这是太阳光到达地球所需的时间，它差不多走了1.5亿千米呢！

太阳：太阳系的中心

太阳是太阳系中唯一的恒星，这个大火球释放出热量和光。八大行星和其他天体围绕太阳转动。地球绕太阳一周需要一年的时间。

水星：离太阳最近的行星

水星和月球很像，水星表面布满了环形山，几乎没有大气层。因为距离太阳太近，水星成了一个滚烫的大火球。

金星：炼狱般的高温

金星的上空覆盖着厚厚的云层，导致地表温度高达490℃；云层还能反射光，因此金星在天空中显得特别亮，于是西方人把它叫作"维纳斯"（在中国，我们称之为"启明星"）。

2005年1月14日
"惠更斯号"探测器登陆土星最大的卫星——土卫六表面。

2000年
美国科学家首次绘制出两个星系簇中宇宙暗物质分布图。

1998年11月20日
搭建国际空间站的第一块材料扎里亚模块被送到385千米的高空。

1997年
搭载着"惠更斯号"探测器的"卡西尼号"离开地球，开始了漫长的土星探测之旅。

有趣的火星

在距离地球 7800 万千米的地方，住着我们的邻居——火星。火星和地球有很多相似之处，但体积比地球小一半。火星也是岩石表面，存在冰盖和稀薄的大气。地表温度还算合适，平均气温为 −65℃。科学家对火星充满了好奇，他们想要搞明白火星的气候为什么发生了巨变，想要知道火星上面是否有生命存在过。

里程碑的日子

5 万年前：
一颗小行星坠落在美国的亚利桑那州，形成了著名的巴林杰陨石坑。

1877 年：
意大利天文学家乔凡尼·斯基亚帕雷利观察到了火星表面有许多线状纹理，他把这种现象叫作"水道"。

1976 年：
美国"维京 1 号"和"维京 2 号"太空探测器到达火星轨道，探测器上面装有摄像机和测量设备。

2003 年 12 月 25 日：
欧洲的"火星快车号"探测器抵达火星轨道，开始绕火星转动。

2012 年 8 月 6 日：
美国"好奇号"火星车选择在盖尔陨石坑附近登陆火星，这个大坑曾是一个巨型湖泊。

37 亿年

在 37 亿年前，星表面的汪洋大海开始蒸发。

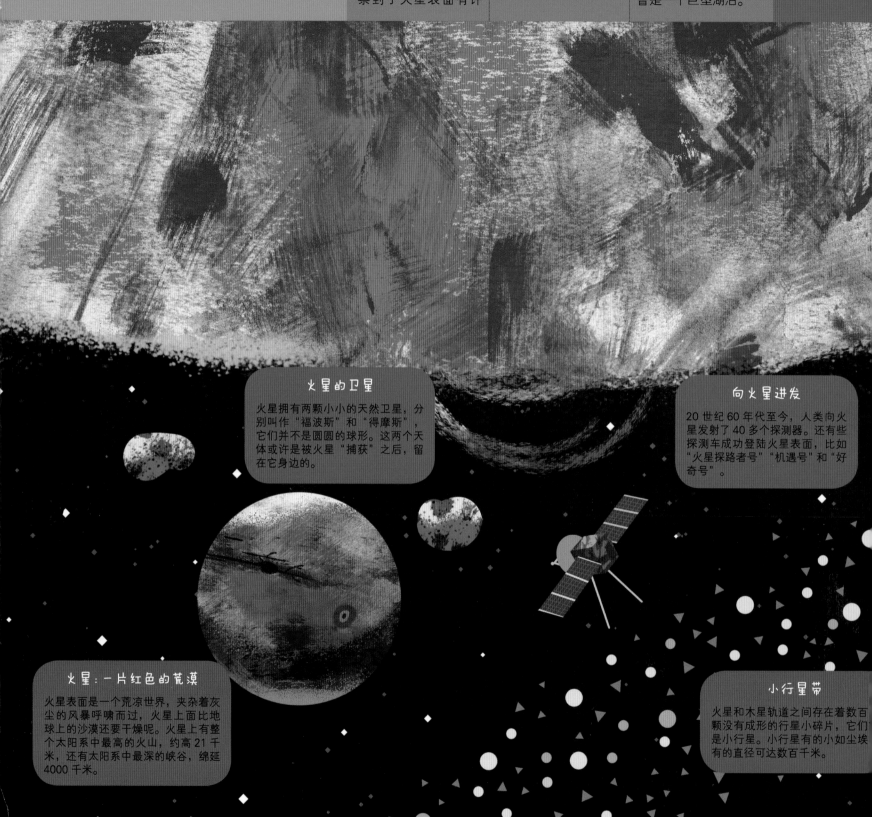

火星的卫星

火星拥有两颗小小的天然卫星，分别叫作"福波斯"和"得摩斯"，它们并不是圆圆的球形。这两个天体或许是被火星"捕获"之后，留在它身边的。

向火星进发

20 世纪 60 年代至今，人类向火星发射了 40 多个探测器。还有些探测车成功登陆火星表面，比如"火星探路者号""机遇号"和"好奇号"。

火星：一片红色的荒漠

火星表面是一个荒凉世界，夹杂着灰尘的风暴呼啸而过，火星上面比地球上的沙漠还要干燥呢。火星上有整个太阳系中最高的火山，约高 21 千米，还有太阳系中最深的峡谷，绵延 4000 千米。

小行星带

火星和木星轨道之间存在着数百颗没有成形的行星小碎片，它们是小行星。小行星有的小如尘埃，有的直径可达数百千米。

1996 年 5 月
SOHO 开始工作。

1994 年 7 月 16 日
"苏梅克-列维 9 号"彗星撞上木星。

1992 年
观测到第一个柯伊伯带天体。

1990 年 4 月 24 日
哈勃太空望远镜乘着美国"发现者号"航天飞机进入太空。

1984 年
法国天文学家安德烈·布拉伊克发现了海王星的光环。

天王星和海王星：
冷冰冰的大个子

天王星和海王星相隔约 16 亿千米，它们位于阳系最遥远的地方。海王星体积比地球大 17 倍，略小于天王星。海王星虽然体积不及天王星，但量比天王星重。这对"双子星"被称为"冷冰冰大个子"，它们的地表温度跌破了－200℃，这创造过最冷纪录的天体。

里程碑的日子

1781 年：
英国天文学家威廉·赫歇尔在一次天文观测中偶然间发现了天王星。

1844—1846 年：
法国天文学家奥本·勒维耶计算出在天王星之外，太阳系应该还存在着第八颗行星，那就是海王星。

1984 年：
法国天文学家安德烈·布拉伊克发现了海王星的光环。

1986 年 1 月 24 日：
美国"旅行者 2 号"探测器飞过天王星 81500 千米的上空，首次接近天王星。

1989 年 8 月 25 日：
美国"旅行者 2 号"探测器飞临海王星 4950 千米的上空。

1992 年：
首次观测到海王星的柯伊伯带。

2000 千米/时
这是海王星上的风速，堪称太阳系最猛烈的风。

远离太阳的海王星

海王星的大气中含有甲烷，这是海王星看似一个蓝色球体的部分原因。海王星距离太阳 45 亿千米，绕太阳一周要用 165 年。

天王星：躺在轨道平面上的行星

天王星是人类用望远镜发现的第一颗行星。它像个滚动的皮球，躺着绕太阳转动，同时，它又以相反的方向进行自转，金星也是如此。

冥王星：被开除的第九颗行星

冥王星主要由岩石和甲烷冰构成，它现在被降级为矮星。冥王星的体积相当于月球体积的三分之二。

柯伊伯带

太阳系还拥有第二个小行星带，称为"柯伊伯带"。它位于海王星的轨道上，距离太阳 60 亿千米。它比火星和木星轨道之间的小行星带还要宽 20 倍。

1930 年 2 月 18 日
发现冥王星。

1925 年
美国天文学家爱德温·哈勃根据河外星系的形状进行分类。

1905 年
爱因斯坦提出了狭义相对论。

1846 年 8 月 31 日
法国天文学家奥本·勒维耶计算出海王星的轨道。

1781 年
英国天文学家威廉·赫歇尔发现了天王星。

太阳系的边界

物体离太阳越远，就越难在地球上观测到它们。人类到了近代才发现那些遥远的天体，最新得到的观测结果和先前的解释也出现了自相矛盾的情况。举例来说，从 1930 年到 2006 年，我们一直认为冥王星是颗行星，现在它被归为了矮行星。

1705 年：
英国天文学家爱德蒙·哈雷发现，他在 1682 年观测到的彗星每隔 76 年就会接近地球一次，这颗彗星之后被命名为哈雷彗星。

1930 年 2 月 18 日：
美国天文学家克莱德·汤博发现了冥王星。

1932 年：
爱沙尼亚天文学家恩斯特·奥匹克提出假设：彗星来自太阳系外层的云团。

2006 年 8 月 24 日：
国际天文学联合会将冥王星归为矮行星。

2015 年 7 月 14 日：
美国"新视野号"探测器成功从距冥王星 12000 千米处飞过。

248 年
这是冥王星绕太一周所需的时间它大约要走完亿千米的路程。

脆弱的彗星

彗星是太阳系中最小型的天体。它由冰物质构成，围绕着太阳画出巨大的运行轨道。每次接近太阳，它的物质就会升华一点点。

在星际中遨游的"旅行者 1 号"

美国"旅行者 1 号"探测器是在 1977 年 9 月发射升空的，它是迄今为止离地球最远的人造物体，距离我们有 200 亿千米。探测器还在以每秒 12 千米的速度继续它的旅程。

奥尔特云：彗星的摇篮

在天文学家的想象中，柯伊伯带之外还存在着这样一片区域，称为"奥尔特云"。它要比冥王星还远上 1000 倍，是包围住整个太阳系的球体云团，成为太阳系的边界。数百万颗彗星就是在那里形成的。

1774 年
法国天文学家查尔斯·梅西耶制定《星团星云列表》。

1705 年
英国天文学家爱德蒙·哈雷发现了一颗彗星的运行周期。

1687 年
牛顿提出了万有引力定律，深刻揭示了行星绕太阳运行的力学原理。

1675 年
格林尼治天文台建成。

1666 年
牛顿发现了万有引力定律。

恒星的诞生

恒星诞生在巨大的气体和尘埃云中，正式的名字叫作"星云"。原子和分子结合在一起，形成了温气体云（-258℃），它们又和尘埃混合，之后裂成一块一块的，大量的恒星就诞生在其中。这现象会持续好几百万年，对于漫长的宇宙史而言，这点时间简直微不足道。

里程碑的日子

公元前 2 世纪： 古希腊天文学家喜帕恰斯在编制星表时，依据亮度将恒星分为 6 个等级。

964 年： 波斯天文学家阿卜杜勒－拉赫曼·苏菲写了《恒星之书》，提到了一些恒星的位置和星云等。

1802 年： 赫歇尔发现了联星，也就是指两颗恒星在各自的轨道中围绕着共同质量中心的恒星系统。

2013 年： 世界上最复杂的天文仪器 ALMA 望远镜观察到了一颗巨型恒星的诞生。

4.24 光年

这是我们和最近的恒星——毗邻星之间的距离。毗邻星释放出的光要走上 4 年多才能到达地球，其实它的秒速有 30 万千米呢。

相遇是为了更好的分离
恒星在引力作用下会聚集在一起，形成星系，接着它们又渐渐分开。

恒星生成的基本条件
气体和尘埃云是孕育恒星的温床。太阳就是在这样的环境中诞生的。

最初的恒星
宇宙大爆炸发生后的 1 亿—2.5 亿年，形成了第一批恒星。

公元前 3000 年
古埃及和古巴比伦出现了最早的天文学家。

5 万年前
陨石撞入地球形成巴林杰陨石坑。

6500 万年前
坠落的陨石毁灭了地球上 90% 的生物。

38 亿年前
地球上出现了最早的生命迹象。

宇宙大爆炸

科技进步和新型设备让我们有机会观测到遥远的太空，了解久远的过去。我们似乎离宇宙诞生的那刻越来越近了！20世纪中叶之后，大部分天文学家认可了大爆炸理论：宇宙诞生自一次十分复杂的现象，也就是大爆炸。宇宙在形成之初密度极大，目前它还在继续膨胀。

里程碑的日子

1915年：
爱因斯坦提出了广义相对论，在该理论的基础上，人们能够整体描述宇宙了。

1948年：
英国天文学家弗雷德·霍伊尔发明了"大爆炸"一词，起初是为了讽刺这种宇宙起源的理论。

1992年：
位于智利沙漠中的甚大望远镜安装完毕，它被用于研究遥远的天体。

2009年5月14日：
欧洲发射了普朗克太空探测器，用于测量宇宙深处的温度。

138亿 年

这是宇宙的年龄。

第一缕光

在高温和高密度的作用下，宇宙发生了大爆炸。这次大爆炸引发了难以估量的核反应，并生成了物质、光、空间和时间。

爆炸还是坍缩

宇宙的膨胀运动会一直进行下去吗？如果物质不够，宇宙就会走向相反的方向：大坍缩。

无法想象的高温

起初，宇宙很热很热。在大爆炸前夕，宇宙的温度高到难以想象，竟然有1032℃！之后，宇宙不断膨胀，温度慢慢下降。

物质

在发生宇宙大爆炸之前，似乎只有一碗密度极大、还未成形的"气体汤"，气体包括氢气和氦气。现在的恒星、行星、尘埃和气体只占宇宙的4%。天文学家试图找出其他成分，主要有暗物质（无法看见，占21%）和暗能量（占75%，可能就是宇宙膨胀的起因）。

40亿年前
陨石雨落在地球上。

44.7亿年前
月球诞生。

46亿年前
形成了太阳以及太阳系。

137亿年前
形成了银河系。

138亿年前
宇宙大爆炸。